Lena J-T Strömberg

Noncircular orbits and transformations

Lena J-T Strömberg

Noncircular orbits and transformations

książka o bifurkacji, ewolucji i pianie

Wydawnictwo Bezkresy Wiedzy

Imprint

Cover image: www.ingimage.com

This book is a translation from the original published under ISBN 978-613-9-94128-5.

Publisher:
Wydawnictwo Bezkresy Wiedzy
is a trademark of
Dodo Books Indian Ocean Ltd., member of the OmniScriptum S.R.L Publishing group
str. A.Russo 15, of. 61, Chisinau-2068, Republic of Moldova Europe
Printed at: see last page
ISBN: 978-620-0-81129-5

Orbity nieokrągłe i transformacje

książka o bifurkacji, ewolucji i pianie

Lena J-T Strömberg

PREFACE

Książka przedstawia koncepcje oscylacji, wirów, obszarów i orbit nieokrągłych, zarówno pojedynczych jak i zespolonych. Każdy rozdział zaczyna się od podsumowania.

Opcjonalnym tytułem mogą być hiperstruktury i kangurskie fraktale.
Hiper-przedrostek odnosi się do części czegoś większego i tutaj zarówno skończone Tti-areas i dyferencjały będą dotyczyć, jak i czyste, ogólne obszary.
Zapis Kangur, ponieważ chodzi głównie o pierwsze rozwidlenie. Prawdziwy Kangur pojawia się w przykładzie, a wyniki w Rozdziale 1, 2 i 5 są również takie same.

Orbitę nieokrągłą można uznać za uogólnioną fraktalną, ponieważ łuki są częścią okręgu głównego w mniejszej skali i z przybliżeniem dla krzywizny. Biorąc pod uwagę skończone plastry, kształt nie jest dokładnie powiększoną repliką skończonej strefy mimośrodowości. Ta ostatnia ma dwa zakrzywione boki, a punkt odcięcia jest prosty.

Przyjmując matematykę Simpsonsa, przez Singh [9], i dodając trochę fizyki, następujące odnoszą się do kształtów obszaru:

0. Jaka jest specyficzna objętość pizzy o masie m, grubości a i promieniu z?
A: m/pzza

Następnie przyjmuje się, że n jest liczbą całkowitą i oznacza różnorodność:

i. Kiedy kawałek tego jest nie w porządku?
A: Kiedy pisze się $\pi\zeta\zeta\alpha/\nu$ i n<1

Dalej o plastrach $\pi\zeta\zeta\alpha/\nu$:
ii. Kiedy jest za duży?
A: Kiedy 1<n<2

iii. Kiedy można się podzielić tym plasterkiem?
A: Kiedy 2<n<10

iv. Kiedy to jest boskie?
A: Po przekształceniu i n>360

Powyżej zebrano kilka cech koła. Dalej, to jest ciasto.

-Kiedy pizza-pie jest za duża?
A: W przypadku przekroczenia limitu Roche'a

-Kiedy księżyc jest jak pizza-pie?
A: Kiedy ten ostatni jest duży i porusza się super-synchronicznie

Na koniec, w rozdziale 6 o transformacjach, funkcjonalne wyrażenia energii łączą się w płaszczyźnie kształty i wirują do piany i ewentualnej ewolucji.

Koncepcje nco związane z kosmosem, stanami, upadkiem Feynmana i rozwidleniami na mapie logistycznej

Lena J-T Strömberg, lena_str@hotmail.com
wcześniej Zakład Mechaniki Stałej, KTH

Streszczenie. W artykule omówiono kilka aspektów ewolucji fikcji oraz rzeczywistych faktów związanych z formatem rozpatrywanym w teorii chaosu jako model np. dynamiki populacji. Model ten, znany jako mapa logistyczna, jest wykorzystywany w kilku gałęziach nauki, dlatego też niniejszy wynik ma fundamentalne znaczenie i jest przedmiotem ogólnego zainteresowania. Wyrażenie dla prędkości kątowej z Avd, jest rozszerzone o Taylora i przepisane na mapę iteracyjną, ze zmiennymi bezwymiarowymi. Jest ono skalowane jako mapa logistyczna, a wyniki dla rozwidleń są wyprowadzane dla oryginalnych zmiennych, którymi są prędkości kątowe lub częstotliwości z wymiarem 1/czas. Wykres rozwidlenia dla aktualnego wyniku jest porównywany z fraktalem mapy logistycznej, a stwierdzane są podobieństwa i różnice.

Słowa kluczowe: Bifurkacje, fraktalna, 3, surr, 3.14, 3.28, Avd, mapa iteracyjna, skalowanie, wymiar, bezwymiarowa, bezwymiarowa, prędkość kątowa, stała czasowa, ekspansja szeregowa, obcięta, nco, orbita nieokrągła, Theorem RMB (Pozostały Oddział Główny), rozwidlenie, skok

1. Wprowadzenie

Orbita nieokrągła, w skrócie nco, jest podawana przez wektor promieniowania dla okręgu i dodatkową harmoniczną [1].

$$r = ro + re \sin(fwt) \qquad (1)$$

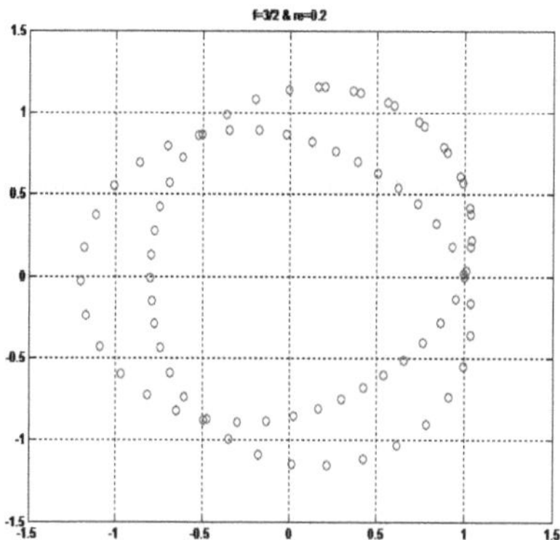

Rysunek 1. Wektor promienia dla orbity nieokrągłej, przy f=3/2 i $_{re}$ =0,2

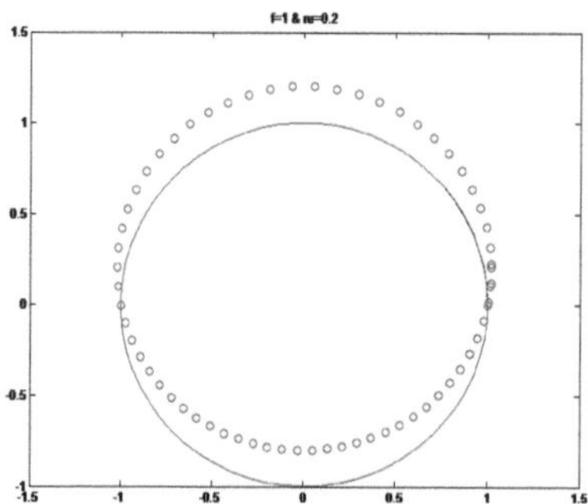

Rysunek 2. Wektor promienia dla orbit nieokrągłych, (f=0 tj. koło, linia ciągła)

Aby opisać takie układy, w [2] wyprowadza się wynikową prędkość kątową. Jest ona podana przez

$$\omega(t)=w0\ \exp(-2(_{re/r0})\sin(fw0t)) \qquad (2)$$

Rozważymy tu rozwidlenie i chaos dla mapy logistycznej, w połączeniu z dyskretnym sformułowaniem prędkości kątowej (2).

Zostanie pokazane, że prędkość kątowa jest chaotyczna zgodnie z mapą logistyczną, ale pozostaje unikalny stan pomiędzy rozwidleniami.

Różni się to od wyników Feynmana cytowanych przez [3], gdy opisuje kosmos="wszystko" tylko stanami. Zgodnie z tym, następuje załamanie poprzedniego stanu, na rozwidleniu. Teorie i nomenklatura, np. stanów, odnoszą się tutaj do wyników dla zmiennej z wymiarem, uzyskanych z bezwymiarowej mapy logistycznej. Oczywiście, pomiędzy jednowymiarową mapą iteracyjną, a wszechświatem jest duży krok, ale za Feynmanem narysujemy pewne podobieństwa pod względem stanów i bifurkacji.

W przypadku problemu stabilności belki [4], rozwiązania rozwidlone klasyfikowane są zarówno jako pasożytnicze, tj. złudne i nieistotne), jak i jako bogata struktura właściwa dla dyskretnego, nieliniowego problemu sprężystości, zapewniająca wielość rozwiązań.

Fraktal uzyskany z mapy logistycznej, znany również jako fraktal majowo-fatou-fraktalny, widoczny jest poniżej w części 2, np. [5]. Dyskretne poziomy z podpoziomami dają strukturę fraktalną. W przyrodzie fraktale często wykazują tak samo jak niektóre poziomy, np. 3 dla Słońca, planet i Księżyca, 2 dla ciężarnej, a jeszcze inne dla wiru złożonego z mniejszych wirów. Wir charakteryzuje się Lewis Fry Richardson:

"Wielkie wiry mają małe wiry, które żerują na swojej prędkości.
i małe wiry mają mniejsze wiry i tak dalej

Jednakże, jak wiadomo z interakcji ruchu bocznego i orbitalnego dla planet, a także hiper grawitacji, możliwe jest również, że pod-poziomy utrzymują i napędzają ogólny ruch. Na przykład, orbita nieokrągła z f=1, przesuwa środek geometryczny i może wywołać ruch orbitalny, por. rysunek 2.

Układ słoneczny składa się z obrotów na różnych poziomach. Ma on podobieństwa do wiru, ale jest bardziej dyskretny. Takie porównanie oznacza, że może być wiele i rodzi pytania dotyczące interakcji. W tym kontekście bardzo kuszące jest ekstrapolowanie na super poziom nad Słońcem.

Po pierwsze, wykorzystamy nomenklaturę i doświadczenia z wniosków, tak jak widzimy je teraz. Następnie przeanalizujemy koncepcję pamięci, aby spekulować, co mogło się wydarzyć miliony razy, wiele lat świetlnych stąd. Rezultatem zastosowania chaosu będzie mieszanina i delikatna struktura przestrzeni i czasu w pierwszym, ostatnim i wszystkim...

1.1 Słońce i interakcja między poziomami

Oczywiście, Słońce powstało z osobliwości na obwodzie wielkiego wiru. Teraz jest to dość odizolowany system produkujący energię, który będzie utrzymywał się przez duży, szacowany czas. Możliwe, że oddziaływuje on nieco na swoje planety. Prawdopodobne jest, że jest to osiągane poprzez odbicia, które są zbierane z oczami Słońca widzianymi na powierzchni [6],[7]. Nie wiemy, czy oczy te zbierają tylko lokalne wiązki, czy też Słońce jest zależne od informacji o np. proporcjach w pracy zegara planetarnego. Porównanie z orientacją i równowagą dla człowieka, kierowanego przez ucho, daje, że choć o wiele mniejsze, współczynniki dźwiękowej struktury drobnej dla Merkurego i Wenus mogą być ważne dla Słońca.

W porównaniu z chaotycznymi systemami na Ziemi, ilość energii (niekoniecznie duża, ale powtarzana okresowo), może utrzymywać okresowy ruch. Dlatego możliwe jest, że Słońce kalibruje się z położeniem planetarnym, jednak nie wydają się one być tak ściśle zorganizowane. Możliwe, że niektóre konfiguracje są unikane, ze względu na warunki stabilności, Klemperer i Baker (1957).

1.2 Za Słońcem

Mniejsze repliki słońca ukazują się jako np. Bisolary, [8]. Składają się one ze światła, zawartego w krysztale lodu, np. z "materii świetlnej" znajdującej się w tym samym miejscu. Jeśli istnieje nadpoziom do Słońca, to może on składać się z innego rodzaju energii, która jest transportowana z bardzo dużej odległości i emanuje z innego rodzaju formacji. Bezpośrednia ekstrapolacja daje, że jest to możliwe, jednak model narodzin Słońca i układu słonecznego jest bardziej prawdopodobny. Osobliwość wirów na Ziemi, nie łączy się z górnym poziomem. Zamiast tego, ruch jest utrzymywany i zwiększany poprzez interakcję nad zewnętrzną granicą, np. wiatr zbiera energię cieplną podczas gdy nad morzem.

Prowadzi nas to do większej skali niż Układ Słoneczny i zakłada istnienie galaktyk i materii w ruchu obrotowym w różnych odizolowanych miejscach we wszechświecie. Mogą one oddziaływać na pole dość daleko na różne sposoby, np. na granicach zewnętrznych.

1.3. Pamięć i ruch okresowy

Koncepcje i cykle pamięci, mogą ujawniać dodatkowe informacje o wirach, falach i okresowych ruchach, np. fale na morzu w dzień po sztormie, tak zwane "gammal sjö".

Wiele pojęć pamięci wydaje się wynikać ze zbioru energii, potem po chwili uwalniając ją, ale w bardziej harmoniczny ruch.

Kiedy kolekcja jest rozłożona na większej przestrzeni (i uwięziona), zwolnienie może nastąpić po dłuższym czasie, zwykle znacznie większym w porównaniu z okresem czasu obecnych harmonicznych. Przykład "gammal sjö", służy do opisania tego. W przypadku uwięzienia, czas uwolnienia może być dowolny i musi być katalizatorem, tak jak w przypadku gdy uformowane tworzywo sztuczne może zapamiętać swój początkowy kształt, i kurczy się na małej płytce, gdy jest poddane działaniu ciepła.

Kolejny okresowy ruch jest uzyskiwany przez powtarzające się zaburzenie układu, tak że wynikowa częstotliwość zależy zarówno od układu swobodnego jak i od wejścia. Dotyczy to wielu obszarów i jest modelowane za pomocą wymuszonych drgań, rezonansu, antyrezonansu i mapy sinusoidalnej.

Pamięć może być opisana jako powtórzenie zdarzenia, które miało miejsce wcześniej, w skali czasu. Jeżeli jest ono takie samo, to mówi się, że system jest niezmienny w tłumaczeniu w określonym czasie. Dla oscylacji harmonicznej, przestrzeń czasowa dla inwersji jest okresem.

Interesujące jest również to, kiedy system reaguje na skalowanie przestrzeni w pewnych modach.
Inwersja w skalowaniu, odnosi się do niektórych zjawisk dotyczących ruchów, np. grawitacji na Ziemi, podczas gdy w mniejszych i większych skalach rządzą inne prawa.

W modelowaniu występują mieszane współrzędne, co oznacza, że obszary, które są teraz przestrzenią, mogły być już wcześniej czasowo. Interpretacja przestrzeni Minkowskiego, daje to i w [6], rozważaliśmy Tti, i stwierdziliśmy, że przestrzeń w strefie mimośrodowości może łączyć się z, a nawet produkować, czas przed i później.

1.4. Analogia jajeczna jako kohomologia dla układu słonecznego

Modele dla części wszechświata to np. torus "donut" Simpsona, [9] i relacje czasoprzestrzenne Einsteina z paradoksami. Tutaj porównamy się z jajkiem kury.
Analogia z jajkiem jest taka, że żółty jest układem słonecznym, pozostała część bieli; coś na zewnątrz, a sznurek łącznikiem. Jest to bardzo proste, ale w połączeniu z ewolucją jajka, rodzi pewne pytania o to, co dalej.

A przedtem?
Oznacza to, że gigantyczne kury rodzą układy słoneczne, ale wtedy pozostaje nam klasyczne pytanie o to, co było pierwsze: kura czy jajo, czy też można je uznać za rozwidlenie. A kto i gdzie jest coq? Jeśli tak sądzą niektóre religie, to nie są one tak szeroko rozpowszechnione, jednak w bajce bożonarodzeniowej w Szwecji z grudnia 2013 roku, w ostatnich sekwencjach pojawiły się zapłodnione małe jajka z kosmosu.

Przyjmując przestrzeń czasową z pamięcią, która się powtarza, i zaniedbując wagę, mamy kury.

Następnie przejdziemy do analogii jajecznej dla układu słonecznego z otoczeniem. W chwili obecnej jesteśmy w stanie ewolucji i dwie najbliższe planety są dość silnie związane ze Słońcem, podczas gdy pozostałe są bardziej niezależnymi, rozwiniętymi układami z księżycami. Wcześniej, przy tworzeniu, obracająca się tarcza, z której uformowały się Słońce i planety, odpowiadała żółtej, co sugeruje, że wtedy było coś na zewnątrz i połączenie. Stan tego na zewnątrz i sposób przekazywania energii jest wtedy nieco zdeterminowany, jednak nie w szczegółach. Wygląda na to, że sznurek jest przymocowany do powłoki ograniczającej kolor żółty, tak że jego działanie jest rozłożone na powierzchni granicznej. Różni się to od niektórych modeli kosmicznych, które zakładają kanał wewnątrz dużego wiru, ale zgadza się z tym, że jest to wiatr. Oddziaływanie ponad granicami, jest naturalnym sposobem odbierania danych wejściowych i wyjściowych czasami, i może być oddziaływaniem, z którego księżyce zmieniają orbity

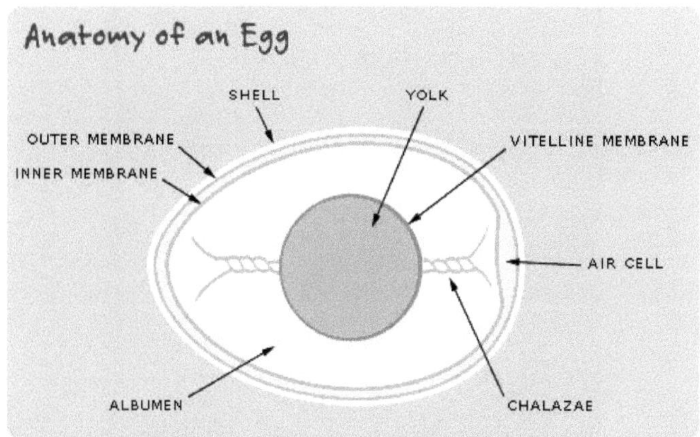

Dla jajka, zewnętrzna osłona jest bardzo twarda i różni się od wewnętrznej. Na naszej Ziemi pole magnetyczne może odpowiadać takiej granicy, o zupełnie innych właściwościach w porównaniu z materią na Ziemi. Może to być właśnie ta tarcza, uznająca Ziemię za własne, podpoziomowe jajo.

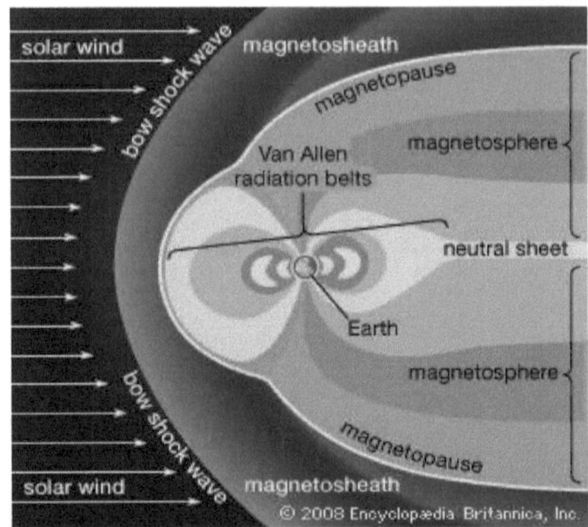

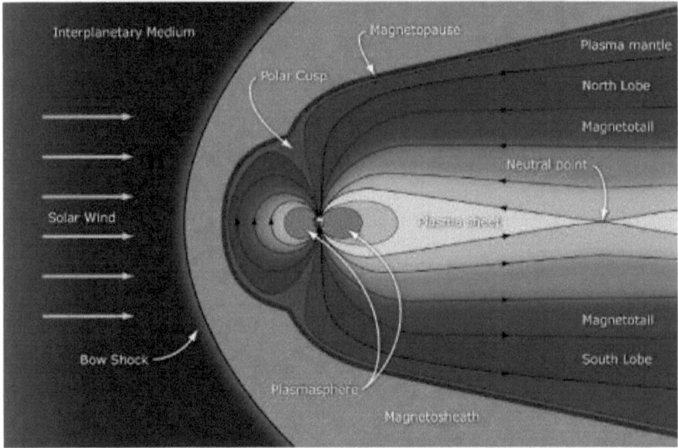

Van Allen Belt i inne pola magnetyczne wokół Ziemi

Układ słoneczny ewoluował, ale teraz jest dość statyczny, a ewolucja jest na mniejszą skalę, tutaj na Ziemi. Oznacza to, że na księżycach istnieje (lub będzie istniała) ewolucja w mniejszej skali.

Podsumowując: Jeśli zgodzimy się z tym, że kura i jajko to rozgałęzienie czegoś innego, to łatwo można to sobie wyobrazić jako kangura z dzieckiem w kieszeni.

2. Mapa Iteracyjna dla w w Avd

Współczynniki częstotliwości w stałych punktach

Dzięki seryjnemu rozszerzaniu i skalowaniu, równanie na prędkość kątową zostanie przepisane na wzór iteracyjny. Formatem tym będzie mapa logistyczna dla skalowanych wartości bezwymiarowych.

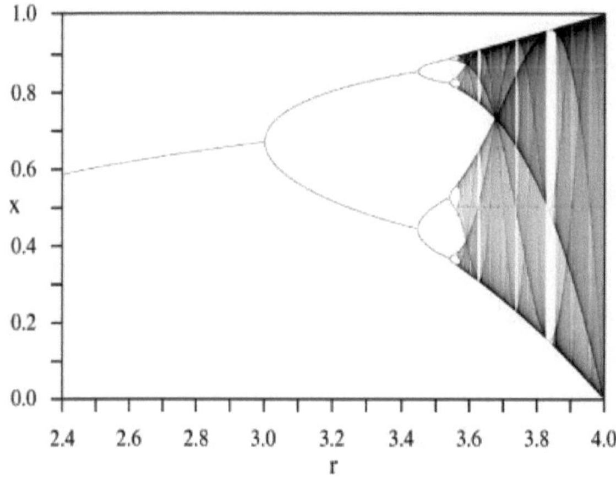

Rysunek 3. Schemat rozwidlenia dla mapy logistycznej $x_{i+1}=Ax_i(1-x_i)$, znanej również jako fraktal May-Fatou. W tekście parametr r na osi poziomej oznaczony jest jako A.

Znaleziono niezwykłą cechę: Wyniki bifurkacji nie są dokładnie przeniesione na prędkość kątową, ale dają determinację także w chaosie. Rama jest sformułowana jako twierdzenie.
Pozostały Oddział Główny, RMB.

Twierdzenie RMB. Obcięte seryjne rozszerzenie (2) w czasie lub pod kątem π, daje

$\omega = \omega 0(1-2(_{re/r0})fw0t)$ (3)

Zdefiniuj nowe zmienne xi , xi+1 , τ i T jako

xi $=2(_{re/r0})fw0t = w0t$, xi+1 =wT

Następnie (3) odczytuje

xi+1=T/t $\xi\iota(1-$ xi) (4)

Załóżmy (4) jako równanie iteracyjne dla stanów, takie że następny stan to xi+1, a stan obecny to xi . Następnie (4) jest mapa logistyczna z T/t=A. Rozwiązania tego, są podane przez stałe punkty, a z nich, stosunek częstotliwości otrzymujemy z powyższej definicji, jako $\omega/\omega 0=$ (xi+1/xi)τ/T= τ/T od xi+1=xi w stałych punktach.

Przy unikalnym rozwiązaniu, a na początku bifurkacji, stosunek częstotliwości $\omega/\omega 0$ jest określany przez parametr A. W ten sposób, mimo że mapa iteracji jest chaotyczna, stosunek ten osiąga unikalną wartość, a główna gałąź pozostaje.

Uwagi. Przy 3 większych, np. 3.14, osiąga się rozwidlenie i surr, który motywuje do przedstawienia 3 o tej szerokości. Jeżeli zakładamy pewne opóźnienie, tak że punkty stałe mogą przyjmować różne wartości, to oprócz wartości unikalnej, oprócz wartości unikalnej uzyskuje się również rozwidlenia dla współczynników. W złożonym opisie, surr jest prawdopodobnie dostarczany przez zmianę pomiędzy wymiarami, opisaną przez operatorów niepowiązanych, wynikającą z faktu, że dwa skończone obroty przestrzenne dają różne wyniki, jeśli najpierw zostaną wykonane wokół drugiej osi. Możliwe jest, że twierdzenie to może być rozszerzone na inne rozwidlenia przy zwiększaniu A aż do całego chaosu (dla około A=3,6).

Schemat rozwidlenia dla stosunku ω/ω0 przedstawiono na rysunkach 4 i 5. Pierwsza ścieżka do A=3, i kontynuacja jest czerwoną krzywą, dokładnie 1/A, i pozostaje jako główna gałąź. Pierwsze rozwidlenie jest w kolorze zielonym i niebieskim.

Widać, że gdy zwiększa się różnica między wyższymi i niższymi wartościami rozwidlenia, różnica między stosunkami wzrasta bardziej, w porównaniu z tzw. rozwidleniem widełek na mapie logistycznej, rys. 3.

Przy A=3 następuje skok, więc rozwidlone wartości nie następują w sposób ciągły, jak we fraktale na rysunku 3. Zamiast tego, równość jest na poziomie około A=3,28.

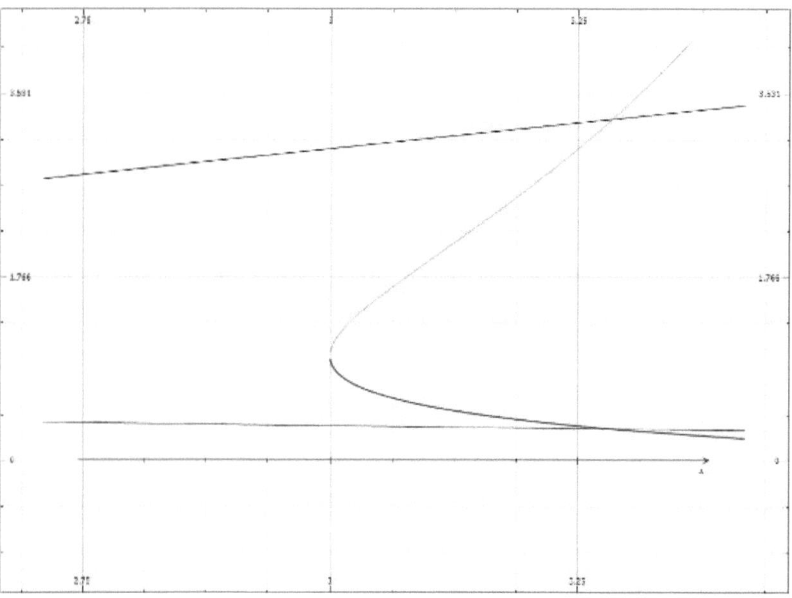

Rysunek 4. Wykres rozwidlenia dla stosunku ω/ω0, jako funkcja A obliczonego z punktów stałych do (4) i jego składu mapującego f(f(xi)), f=T/t ξι(1− xi).
Czerwona linia: Pozostała główna filia, RMB; 1/A.
Zielony: Stosunek r1=(1+(A-3)½)/(1-(A-3)½). Niebieski: Stosunek 1/r1

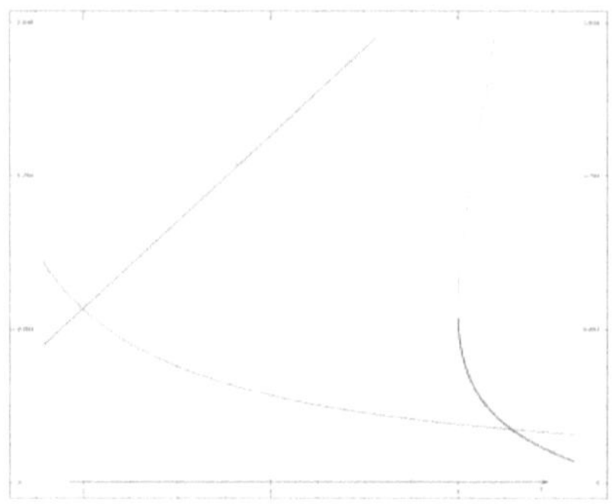

Rysunek 5. Tak samo jak na rys. 4, ale w innej skali, aby pokazać zależność 1/A dla RMB w kolorze różowym.

3. Wniosek

Mapa logistyczna jest modelem dla stanów ważnych w przypadkach, gdy liczba wystarcza jako etykieta. Gdy jest ona w zakresie od 0 do 2/3, stan jest unikalny, a gdy jest większy, jest ich kilka. W całym chaosie jest nieskończenie wiele stanów, ale maksimum jest wciąż skończone blisko 1. Dyskusja we wstępie, powołując się na dość ogólne stany, posłużyła jako ilustracja rozwidlenia i wielości. Dla wszechświata, modele inflacji, kiedy rzeczy się mnożą, aby stawać się coraz większe, opisane są w [10]. W małych skalach, wykresy Feynmana ilustrują wzajemne oddziaływanie stanów wywołujących upadek poprzedniego, które dostarczają pewnego determinizmu i kierunku.

Wreszcie, wynik, gdy chaos jest również kosmosem, zostały dostarczone. Dotyczyło to formatu iteracji uzyskanego dla prędkości kątowej lub częstotliwości, w którym określa się stosunek, również przy rozwidleniu i chaosie. Następnie po pierwszym rozwidleniu, czyli początkowym chaosie, podaje się ilościowe rozwiązanie, dając wartość 3, a jeżeli, to małą, ale skończoną ilość, to większą np. π; także surr. Wynik jest ważny dla wszystkich relacji, w których wymiar może być w ten sposób przeskalowany i zgłoszony jako RMB; pozostała główna gałąź. Przyszłym zagadnieniem jest znalezienie podobnych wyrażeń arytmetycznych i ocena implikacji uniwersalności.

PodziękowaniaAutorzy

wyrażają uznanie dla Dr. Veterinaire medicine Rebbah, Dr. Engvall, Dr. Larsson, Prof. Uhlhorn, Dr. Zinn i Dr. Bjerken za cenne dyskusje w trakcie tej pracy, a Birgitta, Sali i Eva za odlewanie doświadczeń do Avd, 2014-2015.

2. Współczynniki dla rozwidlenia RMB, pochodzące z iteracyjnego formatu oscylującej prędkości kątowej w nco

Streszczenie. Opracowano *rozwidlenie RMB* wyprowadzone w [0]. Rozważane są zastosowania hipotetyczne: Przyjmuje się, że prędkość kątowa opadającego liścia rozwidla się w ten sposób. Omówiono uogólnienie do modelowych częstotliwości światła przy dyfrakcji pod względem kolorów metalicznych.

Słowa kluczowe: prędkość kątowa, oscylacja, orbity nieokrągłe, nco, format iteracyjny, mapa logistyczna, majowo-fatou-fraktalny, wymiary, pozostałe rozwidlenie gałęzi głównej, stany kwantowe, Avd, opadający liść, opadający papier, światło, kolor, metalik, kolor promienisty

1. Wprowadzenie

Rozszczepienie wyprowadzone w [0] i rozdziale 1, zostanie przeanalizowane pod względem poziomów i możliwych zastosowań.

Bifurkacje w fizyce klasycznej wywodzące się z chaosu, mogą być łącznikiem z pewną fizyką kwantową. Następnie są to wartości dyskretne i "odległości" pomiędzy nimi. Wraz z homogenizacją w przestrzeni lub czasie albo odpowiednią czasoprzestrzenią, prawdopodobne jest istnienie obu stanów kwantowych i rozmazanych z takich zespołów.

Tutaj również będzie się uważać, że stan porusza się po rozwidlonej ścieżce, aż do wystąpienia niepowtarzalnych warunków.

Zastosowania w fizyce nie są tak łatwo weryfikowane, ale zostaną nakreślone dwa hipotetyczne scenariusze.

O opadającym liściu często mówi się w literaturze, por. część Virginia Woolf, por. załącznik, i rysunek 1. Ruch w Avd [2] wykazuje podobieństwa do spadającego obiektu świetlnego, a w jednym z poniższych rozdziałów zostanie on dodatkowo opisany pod względem rozwidleń.

Następnie zostanie nakreślony model podziału światła. W odniesieniu do dyfrakcji i załamania przyjmuje się, że obiekty o bardziej promiennych barwach mogą w pewien sposób odbijać i pochłaniać światło. Możliwe, że zgadza się to z zachowaniem się tkanin zmieniających kolory, piór niektórych ptaków i kolorów metalicznych.

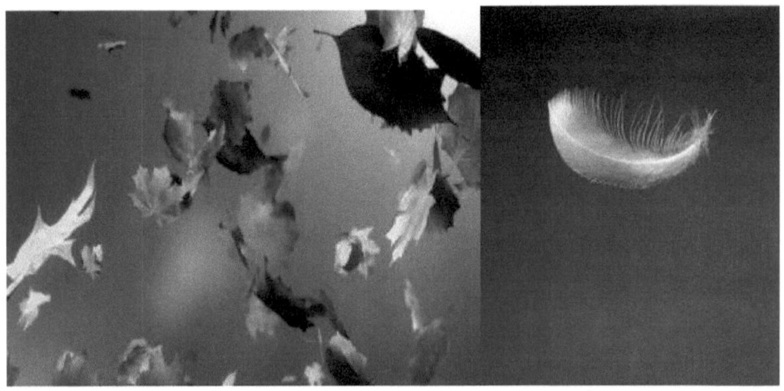

Rysunek 1. Spadające obiekty o różnych ruchach obrotowych.

2. Model

W [0] i rozdziale 1 wyprowadzono rozwidlenie w oparciu o mapę logistyczną, dla określonego stosunku częstotliwości. Stosunek ten pochodzi od stałej częstotliwości o nałożonej harmonicznej określonej w [2].

Z tym formatem dla częstotliwości jako punktu wyjścia i dyskretyzacji w czasie, aby uzyskać dobrze znaną mapę logistyczną, proporcje wydają się rozwidlone, jak widać na rysunku 4, rozdział 1.

Opis Rysunku 4, Rozdział 1.
Różowa linia, emanująca z unikalnych wartości, będzie znana jako główna gałąź. Po rozwidleniu, istnieją 3 wskaźniki, które stają się dyskretne dla zwiększonego A. Przy pewnym A, dolna gałąź pokrywa się z główną.

Jeśli stan rozwidlony jest taki, w którym krzywe się pokrywają, to istnieją dwie dyskretne wartości. W przeciwnym razie, te dwa współczynniki stale się rozchodzą.

Różni się on od fraktalu May-Fatou na mapie logistycznej, ponieważ główna gałąź pozostaje po rozwidleniu i dlatego widły boczne zostały oznaczone jako "*rozwidlenie RMB*", gdzie *RMB* jest skrótem od "*Remaining Main Branch*", [0], Rozdz. 1.

W porównaniu z mapą logistyczną, istnieje większe powiększenie, np. tam gdzie główna gałąź pokrywa się z dolną przy około A= 3,28, zakres wynosi ~[0,3, 3,2]. Dokładne wartości można łatwo uzyskać poprzez ocenę wyrażeń analitycznych w [0], Ch 1.

Przy początkowym rozwidleniu istnieje prawdziwa luka w stosunku do gałęzi głównej, a rozwidlenie występuje dla stosunku 1 i dzieli się na dwie gałęzie (niebieską i zieloną) w sposób ciągły. Wartość progowa wynosi 1-1/3=0,67.

3. Zastosowania w fizyce

Wyniki eksperymentów z papierem w "spadającym liściu" były wizualne i dość/ bardziej konkretne. Zostało to zinterpretowane w kategoriach przyspieszenia kątowego, a jest to również pojęcie wykrywalne bezpośrednio okiem.

Interpretacja wartości w fizyce będzie tu bardziej hipotetyczna. Dlatego ograniczymy tę część do dwóch sugestii, a mianowicie

1. Adaptacja do zachowania się spadających liści.

2. Przyjęcie interpretacji w, jako częstotliwości, i porównać z dyfrakcją / załamaniem.

3.1. Spadający liść opisany z bifurkacjami

W [2] zaobserwowano różne wnioski, a mianowicie

a) powolna harmoniczna, gdy jest trochę zakrzywiona,

b) tym szybciej w linii prostej (o dowolnym kierunku lub do ciała grawitacyjnego)

c) okrążenie w bardziej zakrzywionym kształcie

Zmiana może być rozwidleniem, tak aby zmieniała się również prędkość kątowa. Jednakże b) może to być ruch lekko zakrzywiony o znacznie większym promieniu, tak że prędkość znacznie wzrasta, również gdy prędkość kątowa pozostaje zbliżona do pierwotnej.

Jest możliwe, że powrót do harmonii wymaga trochę energii, ponieważ papier musi być zakrzywiony. Można by ją uwolnić, gdyby została rozwidlona do dolnej gałęzi. Wtedy, być może, mogłaby ona uzyskać energię z głównej energii kinetycznej środka masy w jednorodnym polu grawitacyjnym Ziemi. Zwiększyłoby to prędkość kątową wzdłuż dolnej gałęzi tak, że osiągnęłaby ona punkt zbieżności z pozostałą gałęzią. Tam mogłyby być opcje na prędkości kątowe w stosunku, mianowicie mianownikiem mogłaby być nowa częstotliwość oscylacji. Dałoby to duży wzrost, taki, że okrążenie obrotowe występuje w bardziej zakrzywionym kształcie.

3.2. Dyfrakcja i odbicie światła

Tutaj zaproponujemy interpretację, która odnosi się do tworzenia kolorów.

Kolory.
Światło docierające do obiektu jest odbijane i pochłaniane na wiele różnych sposobów. Zapewnia to kolory takie, jakie znamy, oraz zachowanie pryzmatów, a także jest podstawą do odróżnienia metalu od innych materiałów.

W przypadku wielu materiałów kolory są określane przez światło odbite, podczas gdy inne częstotliwości są pochłaniane. Przedmioty metaliczne promieniują w sposób bardziej refleksyjny, co znajduje się również na innych materiałach, np. pióra ptaków i kwiatów. Również nowe rozwiązania w tkaninach pokazują w pewnym stopniu te same kolory co otoczenie. Jest to prawdopodobnie spowodowane włóknami o wielu małych powierzchniach odbijających światło.

W porównaniu z rysunkiem 4, rozdział 1, jako główną gałąź przyjmuje się światło napływające. Możliwe jest, że przy absorpcji powstają barwy bardziej promieniujące, po których następuje rozwidlenie i emisja. Światło odbite może mieć tę samą częstotliwość co światło wejściowe, ponieważ dolna gałąź pokrywa się z główną. Albo może dostosowywać się do szerokiego zakresu częstotliwości, w sposób ciągły, gdzie zakres wynosi około [0,3, 3,2] dla A= 3,28.

4. Wniosek

Rozwidlenie RMB wyprowadzone w [0]; przeanalizowano Ch 1, a hipotetyczne zastosowania nakreślono w połączeniu z wykresem na Rys. 4, rozdział 1.

Przyszłe problemy mogą polegać na tym, aby rozwinąć dualizm światła, a kiedy Helix tworzy prawdziwą materialną oblatkę.

Są tam owady z tarczą, która wygląda jak liść i podczas obracania ma promienne kolory jak na motylu. Być może na takich istotach znajdują się obie aplikacje, a ruch i inne szczegóły są kwestią do analizy. Inną perspektywą jest podział na kwanty o różnych długościach fal, jak w przypadku Tachyonu, hipotetycznej jednostki opisanej w [11].

Podziękowania. Podziękowania dla Dr James Garry, za omówienie Tachyon i Dr Ravi Wijesiriwardana, w innym kontekście, za zaproponowanie słowa oscylującego jako alternatywny opis pojęć na nieokrągłej orbicie, nco.

Dodatek.

Virginia Woolf. Ett eget rum

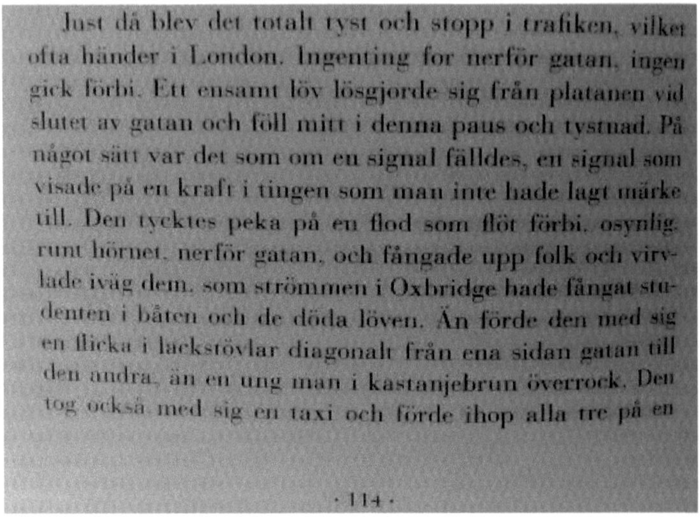

Just då blev det totalt tyst och stopp i trafiken, vilket ofta händer i London. Ingenting for nerför gatan, ingen gick förbi. Ett ensamt löv lösgjorde sig från platanen vid slutet av gatan och föll mitt i denna paus och tystnad. På något sätt var det som om en signal fälldes, en signal som visade på en kraft i tingen som man inte hade lagt märke till. Den tycktes peka på en flod som flöt förbi, osynlig, runt hörnet, nerför gatan, och fångade upp folk och virvlade iväg dem, som strömmen i Oxbridge hade fångat studenten i båten och de döda löven. Än förde den med sig en flicka i lackstövlar diagonalt från ena sidan gatan till den andra, än en ung man i kastanjebrun överrock. Den tog också med sig en taxi och förde ihop alla tre på en

· 114 ·

3. Podprzeciwciała i odstępy czasowe dla homo erectus uważanych za układy fraktalne

Lena J-T Strömberg

wcześniej Dep of Solid Mechanics, Royal Institute of Technology, KTH, lena_str@hotmail.com

Streszczenie. Podprzeciwciała i fraktale rozpatrywane są z przykładami i analogiami, kierując się ramami orbit nieokrągłych (nco), Tti i geometrii.

Słowa kluczowe: nco, kanał, torus, fraktal, wymiary, geometria, materia, gęstość, frakcja objętościowa, plama piękności

1. Wprowadzenie

Chociaż Biblia dotyczy tworzenia, czasami pięknie zakodowanego, jak w Księdze Rodzaju, bardziej konkretne sformułowania znajdują się w innej literaturze, sztuce i wierszach, np. św.

Na przykład Mary Sommerville (1780-1872) zebrała wzorzec fizyki i różne ustalenia. W książce Niny Burton [0] opisane jest jak M.S. przeprowadził eksperyment łączący magnetyzm z częścią widma dla światła widzialnego. Tutaj przejdziemy do ram mechaniki niebieskiej i nieokrągłych orbit, nco, aby opisać zmysły, części ciała i rozwój skóry u płodu.

Głupie dzwony, wyprowadzone w [1],[2] dotyczyły mas ograniczonych w 3 wymiarach. Lśnienie w oczach opisane przez Tti c.f. [3] jest ograniczone przestrzennie do obszaru w płaszczyźnie. Odpowiadający mu obszar "nie-materii", będący źrenicą, ma kształt kanału, a nie jest tak gęsty. Jeśli wymiar długości 3d jest rzutowany w płaszczyźnie na dwa wymiary, tak zwana koncepcja frakcji objętościowej (w ramach płynnych tradycji dynamicznych/ramy) daje powiększoną/zwiększoną gęstość powierzchniową niż ta, która występuje w otworze prawie nie-materii.

Jeśli chodzi o fizjologię ciała integratywnego, w [4] zastosowano analogię do torusa, gdzie całe ciało jest "pączkiem", a przewód pokarmowy - dziurą. Dla podczęści ciała istnieją kanały i tutaj rozważymy kilka bardziej rozproszonych, "z punktu widzenia", które wywołują strukturę fraktalną.

2. Organy i dynamika dla smaku

Usta i nos są ze sobą połączone, ale jeśli ten ostatni jest narażony na działanie zapachu, wpływa to również na zmysł smaku. To pokazuje, że zapach może podbijać smak. Cały system smakowy jest rozłożony w przestrzeni i zależy również od dużego otoczenia wywołującego oddech. Trudno wydedukować, czy częstotliwość zegara jest odpowiednia, ale prawdopodobnie nie, ponieważ zewnętrzna granica tej części jest fraktalna, rozproszona niemal niezdefiniowana i wywołuje także inne wymiary niż przestrzenny np. czas.

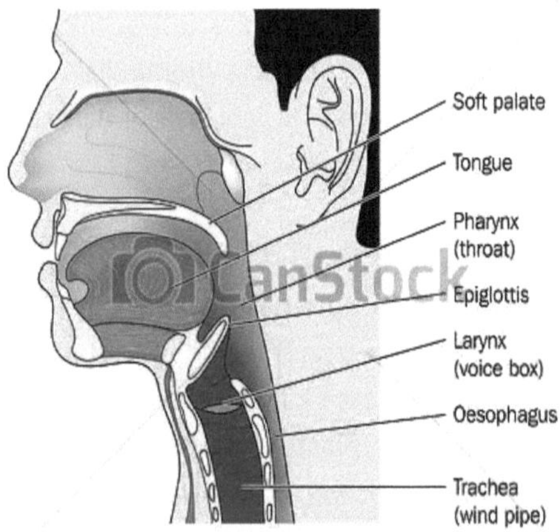

© Can Stock Photo - csp14738388

Przypuszczenie "zapachu z ust". Kanał pod względem wielkości może być związany z gęstością, a jeżeli jest on taki jak w Avd, to istnieje nakładająca się część oscylacyjna. Przyjęcie powyższej koncepcji z powiększoną gęstością, daje miarę, która może być porównywana z innym smakiem na języku. Ponieważ, najwyraźniej, zapach reguluje wykrywanie, jakościowym wynikiem jest to, że wdychana gęstość jest większa. Może to być również spowodowane dynamiką i/lub składem z tlenu, który łatwiej się wchłania, i/lub tym, że ten rodzaj smaku jest wykrywany w nosie.

2.1. Analogia "Smaczne oko

Następnie zostanie zaproponowana analogia do scenariusza w oku. Dla oka możemy myśleć o nadchodzącym świetle jako o wiązce, która zawraca tęczówkę przed wejściem do źrenicy, ok. [3].

Jeżeli język jest uważany za zewnętrzny element "taste-eye", wtedy oddech może stwarzać warunki do ruchu w nco, takie że pojawia się smak. To, ponieważ oddech znajduje się w kanale połączonym, który odpowiada uczniowi. Zwróć uwagę, że jest to odwrotne niż w przypadku nadchodzącego światła, jednak Tti zapewnia symetrię w czasie do przodu i do tyłu. Nie wiemy też dokładnie, jak światło ma znaczenie dla oka. Prawdopodobnie nie jest ono monotonne w klasycznej czasoprzestrzeni, lecz rządzone przez Tti. Również smak, na który nie ma wpływu zapach, może być wykryty w kanale nosowym, a także w gardle.

2.2. Ekstrapolacje i inne kwestie. Czy istnieją inne zmysły, które mogą być podzielone lub w inny sposób rozłożone na pewne osoby?

3. Tekstura skóry

Z punktu widzenia oka możliwe jest, że czarne dziury adresowane w astronomii są kanałami lub cieniami w przestrzeni Frecheta, a nie gęstymi ciałami.

W związku z tym, następnie będziemy nadal używać słowa kanał, ale również omówimy możliwe granice, które mogą definiować zagęszczony punkt materialny.

Dość powszechną formą tekstury jest plama piękna w pewnej odległości od ust, por. rys. 3.

Możliwe, że emanuje z tworzenia się powierzchni wewnątrz ust. Zamiast rozprzestrzeniać się tylko w 2d, skupia się w zbiorniku. W analogii z okiem, miejscem piękna jest blask, a wnętrze ust jest kanałem źrenicowym.

Uwaga. Jeśli tak, to można powiadomić, że ta materializacja nie jest związana z oświetleniem.

Na co najmniej jednym znanym osobniku, na boku krocza nogi znajduje się podobna, ale mniejsza plama piękności, wskazana na rysunku 4. Różnica polega na tym, że nie jest ona przymocowana tak blisko, a jedynie niewielkim kawałkiem skóry. Inna plamka urody, ale dodatkowy mały rozmiar i podstawa mocowania, znajduje się poniżej ramienia, jak pokazano na rysunku 4. Tutaj również skóra jest nieco ciemniejsza i z wypryskami w dużym obszarze z granicą między trójkątnicami i bizonami. Ewentualnie wybrany jest kolor wnętrza, ponieważ część jest wypukłą dziurą. (Wiele osób ma jednak ślady również na płaskich powierzchniach ciała.) Nie ma nic niezwykłego poza kolorem skóry.

Rysunek 3. Plamka piękna nad ustami

Uwaga. Można dodać, że ojciec tej osoby ma dużą plamę urody na twarzy, bardziej z boku niż na rysunku 3.

4. Wniosek

Zwrócono uwagę na formacje z funkcjami na homo erectus. W pierwszej kolejności omówiono kanał ustny i nosowy pod względem geometrii oraz zmysłów smaku i zapachu. Zaproponowano, aby takie układy kanałów były fraktalami do głównego torusa, jakim jest ciało ludzkie.

W niektórych analogiach, części nie znajdują się w tych samych miejscach w przestrzeni.

Następnie przedstawiono konstelację miejsca piękna na skórze obok otworu o wewnętrznej powierzchni. Wspomniano o analogii z osobliwościami i materializacją światła. W obu przypadkach pokazuje ona, jak gęsta plama może odnosić się do większego otworu, lub całego kanału.

Ekstrapolacja na czarną dziurę i ciemną materię nie definiuje ciemnej materii ani antymaterii, jak to zwykle bywa w astronomii, lecz ograniczony obszar, w którym granica składa się z rozproszonej materii tego samego rodzaju, zagęszczonej w miejscu.

4. Algebra na orbitach nieokrągłych uważana za homologię zawisania

Podsumowanie. Metoda dedukcji dynamiki i materializacji dla orbit nieokrągłych ze strefą mimośrodowości i powiązania z topologią w matematyce.

Słowa kluczowe: algebra, homologia, kategoria, funktor, strefa mimośrodowości, Tti, topologia, powierzchnia, nachylenie, piksel, torus, wartości skończone, dyferencjał

1. Wprowadzenie

W poprzednich artykułach, 2015ff, opracowano i przeanalizowano koncepcje strefy mimośrodowości np. dla fal pływowych, napędu, akustyki i pomiarów powierzchni. Omówione zostaną tu trzy dodatkowe tematy związane z różnicami i skończonymi warstwami granicznymi. Podkreślona zostanie struktura nieokrągłości i nakreślone zostaną homologie dla takiej topologii.

Po pierwsze, zawisanie ptaków i owadów jest (krótko) związane z językiem formuły Tti [1]-[3], oraz harmonicznymi. Następnie zostaną podane eliminacje i wyniki dla Tti w postaci piksela. Na koniec zostaną skomentowane wyzwania związane z lataniem, które wyglądają na niemożliwe.

2. Zawieszanie się opisane relacjami funkcjonalnymi

Unoszenie się to stan, w którym ptak pozostaje w tym samym miejscu w powietrzu podczas poruszania skrzydłami. Jest on częściej obserwowany u małych ptaków i owadów, por. [4], strona 2. Rysunek 1, przedstawia ptaka szumiącego w kwiatku.

Rysunek 1. Ptaszek hummingowy, pozostający w ruchu. Widać jak szybko poruszają się skrzydła w porównaniu z ptakami latającymi do przodu.

W wodzie, która jest gęstszym medium, większe ciała o rozmiarach człowieka mogą pozostać unoszące się na wodzie, zapewniając podobne działania. Rysunek 2, pokazuje to w zasadzie.

Rysunek 2. Osoba nie pływająca, ale pozostająca w stałej pozycji.

Jako harmoniczne przyjmuje się ruch skrzydeł w locie. Następnie zostaną przedstawione dwie propozycje modelowania.

1. Ruch skrzydła tworzy taki dźwięk, że akustyka rządzi. Następnie ciśnienie akustyczne powietrza oddziałuje i przenosi się na ptaka, tworząc pole lub potencjalną energię, która równoważy grawitację.

2. Stan zależy od Tti [1][2], a środek powierzchniowy [3]. Dwukrotne zróżnicowanie czasowe Tti daje

$dt(dt((\Delta\rho\pi/2)^{2/re2})) = -2\,(fw0)^{2cos}(2fw0t)$ .... (1)

Zakładając, że $(\Delta\rho\pi/2)^2$ jest miarą powierzchniową proporcjonalną do x2 , jak w [3], a wstawienie w (2) daje, że harmoniczna jest proporcjonalna do energii. Pochodzenie tych energii nie znajduje się w tym samym punkcie co ruch harmoniczny, ale pod kątem pi/2 od niego. To, a także nieokreślone rozmiary dają nieokreśloność, ale także swobodę i możliwości we współdziałaniu z warstwami powietrza (i sąsiednimi ptakami), aby utrzymać zawisanie zamiast opadania w polu grawitacyjnym.

Uwaga. Z tej analizy nie można wyodrębnić związków dla rozmiarów, gdy zawisanie jest możliwe.

3. Wyniki uzyskane z algebry i redukcji

Nie tak szczegółowy opis, ale z taką samą istotą jak w 2, jest konstytutywnym założeniem, że makro-skala-lokacja zależy od Tti. Następnie można zdefiniować homologię zawiśnięcia jako kategorię z algebrą:

Orbita nieokrągła ze strefą mimośrodowości jest kategorią, a Tti jest lejkiem do nowej kategorii, gdzie prędkość orbitalna nie jest obecna, ale kształt orbity pozostaje.

Oczywiście, gdy w strefie ekscentryczności jest wystarczająco dużo aktywności, reguluje to zachowanie. Ponieważ jednak nie ma ruchu kołowego, mogą istnieć inne jednowymiarowe opisy dla samego środka masy, nie wprowadzające otaczającej go topologii.

4. Pixel

Powyżej została użyta współrzędna strefy mimośrodowości do określenia obszaru. Odnosząc się do układu współrzędnych kątowych dla orbity innej niż okrągła, odnosi się to do liczby pikseli, jak pokazano np. na stronie https://donatstudios.com/PixelCircleGenerator i Rysunku 3.

Rysunek 3. Od wczesnych dni telewizji. Rysunek ilustruje obszary, a także fakt, że z samych informacji Tti wynika, iż nie są one związane ze strefą ekscentryczności.

Ponieważ są one generowane w pobliżu strefy, wynik ilościowy dla obszarów skończonych dla ruchu w okręgu może być odpowiedni.

Propozycja. Gdy pole jest kwadratem, okrąg jest podzielony na skończone kąty, takie że $_{re=r0D}(\omega 0\tau)$; np. skończony kąt jest podany przez

$\Delta(\omega 0\tau) = _{re/r0}$ i 2p=n $\Delta(\omega 0\tau)$ .... (2)

gdzie n to liczba skończonych kątów.

Corollary. Na granicy nieskończoności, kształt przestrzenny jest dokładnym kwadratem, $\Delta(\omega 0\tau)$ jest różnicą (tzn. nie jest skończony).

Homologie dla tych obszarów.

Jeśli obszary faktycznie rozciągają się wokół okręgu we wszystkich 3 wymiarach, homologią jest kolektor na *torusie.*

Strefa mimośrodowości ma kształt z dwoma zakrzywionymi bokami. Materializacją z takimi powierzchniami mogą być płatki kwiatu.

5. Ekstrapolacje

W filmach animowanych np. z pływającymi obiektami i dużymi ptakami fantastycznymi często nie wygląda to całkiem naturalnie, a to może być "artystyczny widok/cel". Toryzuje to również drogę do modelowania tego, co można osiągnąć za pomocą dodatkowych urządzeń sterujących [4]. Niektóre z nich mogły być faktem w innym medium niż woda lub w gęstszej atmosferze.

6. Obszary i wnęki w przestrzeni

Skupiając się na strefie mimośrodowości przestrzeni, należy określić, w jaki sposób istnieje ona w przypadku braku ruchu oraz pomiędzy ruchami, a także czy zależność dla jakiejś miary może być ustanowiona analogicznie do tej makro-cząstki. Na pierwsze pytanie można by odpowiedzieć dla pływów, ale wtedy nie zmienia się stała przestrzeń, lecz obracająca się planeta. Dla medium, czyli bliskiej przestrzeni, w której latają ptaki i owady, naturalne jest myślenie o tej strefie jako o jamie, która może się zamykać, gdy nie ma ruchu, i zawiera niewidzialne informacje o tym, jak oddziaływać. Geometria obszaru jest również naturalna, ponieważ jeden wymiar jest mniejszy od stworzeń, a następnie, jeśli się zamknie, zależność o różnej gęstości jest opisowa. Obszar może być wyrażony za pomocą notacji w Tti, które również są zmienne i zapewniają zegar, ale nie harmoniczne. Dwukrotne zróżnicowanie czasowe, jak w (1), daje zachowanie harmoniczne. Jest to podobne do tego, jak zachowują się niektóre kryształy: Podczas gdy poddane napięciu powyżej poziomu progowego, oscylują one z pewną częstotliwością. (Niektóre pomysły z indukowanymi ubytkami w przestrzeni są przywoływane w gęstości od Avd.).

Inny sposób włączenia pomiaru powierzchni do wyrafinowanego podejścia może być wyprowadzony z [5], gdzie dla ogólnej miary gęstości, przyrostowa zmiana w czasie jest równoważona symetryczną średnią podaną przez wartości zmiennej w dwóch miejscach przestrzennych. Ze względu na symetrię, miara powierzchni wchodzi w rozszerzenie Taylora, dla wszystkich terminów.

7. Wniosek

Tti jest zmienną w czasie i emanuje z ruchu w nco, tak że prędkość orbitalna nie wchodzi, i odnosi się do strefy mimośrodowości. Tutaj zaproponowano algebrę i homologie na jej podstawie.

5. Oscylatory i inne wnioski dotyczące zmiennych koordynacyjnych w zakresie środka obszarowego

Słowa kluczowe: Energia, Oscylator harmoniczny, Nieliniowe równania różniczkowe, Miara powierzchni, Lagrangian, Kohomologia, Stado ptaków

1. Wprowadzenie

Zostaną wyprowadzone nieliniowe równania różniczkowe związane z pomiarami obszaru i poboru energii. Format ten jest porównywany z Lagrangianem w rachunku wariancji. Relacja do wyników analitycznych dla oscylatora harmonicznego i wahadła matematycznego jest dokładnie określona. Inne przypadki są rozwiązywane numerycznie za pomocą Matlaba dla pewnych specyfikacji energii wejściowej zależnej od czasu. Podobnie jak w poprzednich pracach, pojawienie się w przestrzeni fizycznej będzie oznaczało kohomologię/realizację/materializację. Kohomologia może odnosić się albo do struktury matematycznej albo do rzeczywistych zjawisk, ale tutaj skupimy się na reprezentacji funkcjonalnej. Dokładnie przywołując tło obszarów w ruchu [1][2], realizacją w jednym przypadku będzie tworzenie się stada ptaków, por. rysunek 1.

2. Równanie różnicowe dla zmiennej lokalizacyjnej

Opracowane zostanie podwójne zróżnicowanie obszaru i określenie wyniku jako energii pochodzącej z [1]. Rozwiązanie dla przyspieszenia, a, daje

a=1/x(E/2-v2) (1.........................)

gdzie x=x(t) jest położeniem, E jest uogólnioną energią właściwą (z energią/masą wymiarową), v jest prędkością $v=x_{,t}$ a $a=v_{,t}=x_{,tt}$

Propozycja 1. Z E =2(v2 -ax2) gdzie a>0 jest parametrem stałym, (1) jest oscylatorem harmonicznym. Częstotliwość własna dla x(t) wynosi a½. Energia E jest również oscylatorem harmonicznym o częstotliwości własnej 2a½, i jest opóźniony w porównaniu z x(t), z fazą $\pi/2$.

Dowód. Umieszczenie w (1) i ocena równania przy założeniu warunków początkowych dla roztworu x(t)=sin(a½t).

Propozycja 2. Z E =2(v2 -ax2 +b x3 +c x4), gdzie a, b, c są stałymi parametrami, (1) jest oscylatorem nieliniowym. Dla b=0, a>0 i a/c=1/6 jest to pierwsze przybliżenie dla wahadła matematycznego.

Propozycja 3. -E jest Lagrangianem dla klasycznego problemu wariancji, z równaniami różnicowymi jako rozwiązaniem.

Wyniki są przedstawione w postaci wykresów x i v, rysunek A1 w dodatku.

3. Szeregowa rozbudowa x, oraz rozwiązania dla sub-krementów

Rozszerzenie serii Taylor wokół d0 odczytuje
1/x= 1/d0(1-b/d0+2(b/d0)^2 +...)+...= 1/d0(1-b/d0+O((b/d0)^2)).................
(2)
gdzie b są (małe) przyrosty, takie że x= d0+b
Ze stałą d0; v=$b_{,t}$ i a=$b_{,tt}$. Dla uproszczenia, ponieważ model nie będzie skalibrowany, niech d0=1. Wstawienie w (1) i obcięcie daje
a=(1-b+2b2)(E/2-v2) (3...........................)

(3) jest nieliniowym równaniem różniczkowym dla podjednostek b o wartości x. W ten sam sposób, jak w przypadku (1) powyżej, można to analizować dla różnych E =E(b,v,f(t)).

Tutaj ograniczymy analizę do E=f(t). Bez szczegółowej analizy stabilności, nieliniowe równanie (3), zostanie rozwiązane numerycznie, z oda45 w Matlab/Octaveonline.

Wyniki są przedstawione w postaci grafów b i v, rysunek A2 w załączniku, a specyfikacja funkcji f(t) jest podana w tekście podpisu.

4. Aplikacje

4.1 Stado ptaków w formacji kołowej

Jako wniosek rozważymy kohomologię z dużym stadem ptaków, o którym mowa również w [2]: "Na początku latały one w dwóch długich rzędach. Ostatecznie obróciły się, a formacja przeobraziła się w duży pionowy okrąg, (ewentualnie z 1-5 ptakami w kierunku grubości)", por. rys. 1.

Rysunek 1. Projekt rysunku ptaków w formacji kołowej. Ponieważ w Internecie nie znaleziono takiej formacji, to przy niektórych dyskretnych ptakach podano obok.

Zmienna x(t) jest przyjęta jako współrzędna Lagrangian w tym przepływie ptaków i niektórych okolicznych atmosfery. Można ją uznać za orbitę nieokrągłą i przypadek ten odpowiada powyższej Propozycji 1, gdzie energia wejściowa jest zgodna z (swobodnymi) ruchami prawie kołowymi w atmosferze.

5. Wnioski i uwagi

Uzyskano i rozwiązano równania różniczkowe dla lokalizacji x(t) i podjednostek x. Analizę oparto na wcześniejszych wynikach [1] wskazujących, że dwukrotne zróżnicowanie czasowe miary obszaru miało podobieństwo do formatu energetycznego. Z bardziej złożonymi wyrażeniami funkcjonalnymi dla E można zbudować dowolne równanie różnicowe.

Obserwacja jest taka, że (3), posiadają dyskretne rozwiązania, zakładając oscylator harmoniczny. Takie zostały przyjęte w poprzednich raportach, jako kohomologie np. oczu facetta, aureoli i wzorów na żółwiu.

Dodatek. Wyniki dla sekcji 2 i 3 powyżej, przedstawione jako powierzchnie matowe.

Skrypt Rysunek A1, po prawej:

```
fvdp = @(T,Y) [Y(2);   -Y(1)+ Y(1)^2];
[T,Y] = oda45 (fvdp, [0, 10], [0.9, 0]);
działka(T,Y); siatka
```

i Rysunek A2, górny lewy

```
fvdp = @(T,Y) [Y(2); (1 -Y(1) +2*Y(1)^2) *
(0.5*(0.01*sin(2*T)*sin(2*T))-Y(2)^2)];
[T,Y] = oda45 (fvdp, [0, 20], [0.01, 0]);
działka(T,Y); siatka
```

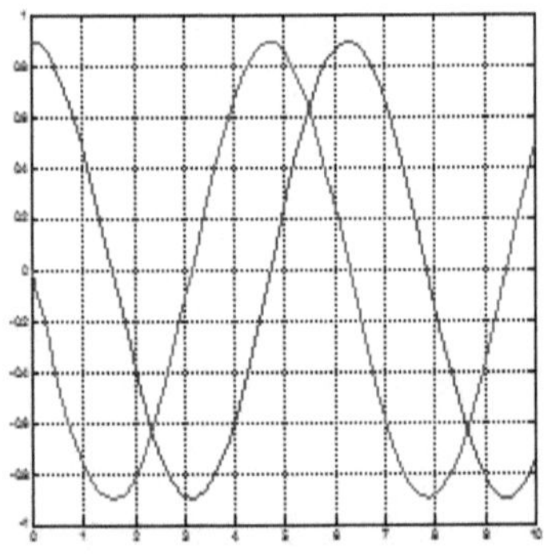

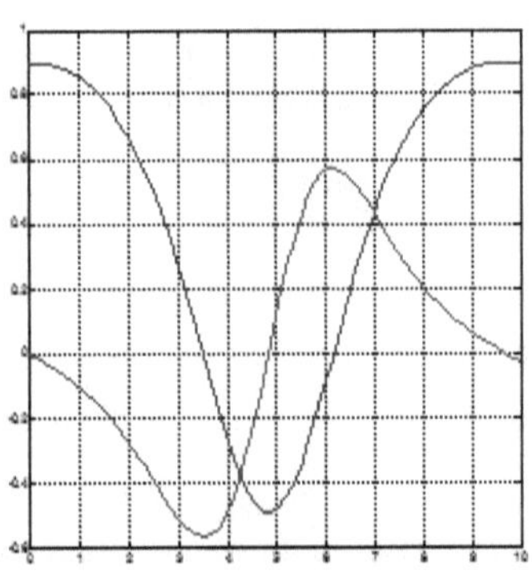

Rysunek A1. Oscylatory podane poprzez wybór E zgodnie z Propozycją 1 z a=1 (po lewej) i Propozycją 2 z a=1, b=1 i c=0 (po prawej).

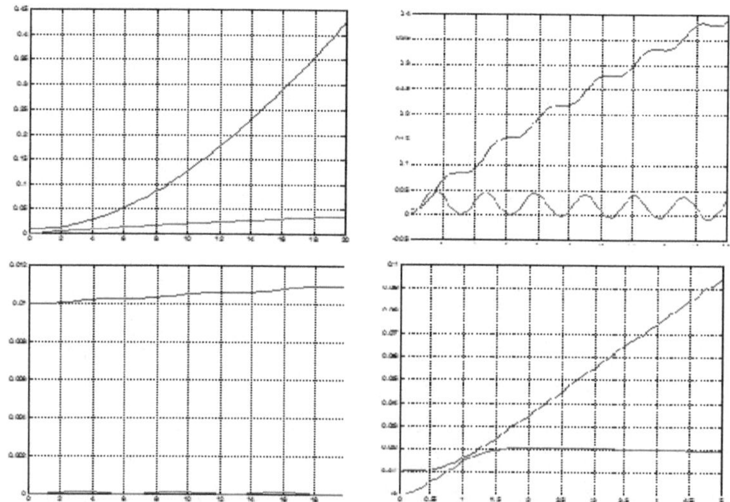

Rysunek A2. Górna lewa strona: f(t)=0,01*sin(2*T)*sin(2*T). Górna część prawa: f(t)=0,1*sin(2*T)).
Dolna lewa strona: f(t)=0,0001*sin(2*T)*sin(2*T). Dolna część prawa: f(t)=0,1*sin(T)*exp(-T^2)).

Nice view and the implied mirror filter says W(
Is the palindrom an artefact of mirroring?

No, rather a side effect bonus

6. Środki obszarowe w zakresie rotacji, piany i ewolucji

Słowa kluczowe: pomiar powierzchni, 3-krotne różnicowanie, chybotanie, przepływ konwekcyjny, energia, wiry, pianka, elektromagnetyzm, droga dyskretna

1. Wprowadzenie

Analizowane będą ruchy obrotowe, np. w ciałach niesztywnych i przepływach. Po pierwsze, pokażemy jak energia pochodząca z dwukrotnego zróżnicowania czasowego obszaru [1], jest transportowana w przepływie rotacyjnym. Wyrażenia funkcjonalne są wyprowadzane i interpretowane w kategoriach kontekstów kształtu i energii. Metoda ta stanowi dodatkowe zróżnicowanie energii związanej z pomiarem powierzchni [1].

Następnie komentowana jest aplikacja, w której wiry i materia zamieniają się w pianę.

Na koniec omówiono ścieżki dla energii elektrycznej, milcząco zakładając istnienie w 3 punktach np. dla kabli wysokiego napięcia, [3].

2. Energia transportowana jako x2

Eliminacje.

Niech x =x(t) będzie współrzędną, a A=x2 miarą powierzchni uwzględnioną w [1].

Trzecie zróżnicowanie w czasie t wynosi $A_{,ttt=2}$ $(a_{,t}\,x+3av)$ (1.....)

gdzie a to jest przyspieszenie, a v to prędkość.

Następnie przyjmiemy ruch oscylatora harmonicznego dla prędkości kątowych. Jest to np. obecne w MC-woblingu i rowerze, rysunek 1. Następnie układ dynamiczny jest złożony, prędkość kątowa jest wektorem, a częstotliwość własna zależy od geometrii i wewnętrznego ruchu obrotowego koła. Ponieważ wiadomo, że istnieje, przyjmiemy ją dla przepływu wirowego bez identyfikacji części wewnętrznych z częściami kierowcy.

Rysunek 1. Zespół, jazda na rowerze i jazda MC.

Propozycja. Przy uśrednionej kinematyce ciała sztywnego i eliminacjach wymuszonego oscylatora harmonicznego, podstawienie w (1) daje

$A_{,ttt=2}$ (bi(x/w)-cx+3a)v (2.....)

gdzie bi oznacza wejście do napędzania oscylacji przy chybotaniu (często lokalnym w czasie, tj. krótkim czasie trwałym, nie harmonicznym, ale utrzymującym stan), w jest prędkością kątową, a c jest stałą. Zatem $A_{,ttt}$ jest liniową kombinacją terminów wynikających z równania różniczkowego pomnożonego przez prędkość, v.

Prawa strona (2) przypomina termin konwekcyjny lub pochodną. Będzie to odlewane w twierdzeniu. Interpretacja drugiego pochodu jako proporcjonalnego do energii E, daje równanie różniczkowe

$E_{,t}$ =2D(bi(x/w)-cx+3a) v (3......)

gdzie D jest stałą.

Twierdzenie 1: Zakładając zależność od czasu dla E przez prędkość i nie dając wyraźnie do zrozumienia, że wyrażenie (3) jest zgodne z konwekcyjnym pochodnym, gdy abs(grad E) = 2D (bi(x/w)+cx+3a) i równoległe do v.

Następnie zostanie zbadany wybór bi, c i przyspieszenia a.

Twierdzenie 2: Istnieją bi i -cx+3a, takie że $E_{,t=}$ 2Cx v gdzie C jest stałą. Wtedy E może być zintegrowane, aby odczytać E=Cx2. Współrzędna x jest albo oscylatorem harmonicznym, albo hiperbolicznym.

Dowód: Wybrać bi proporcjonalnie do w, i -cx+3a proporcjonalnie do x. Następnie, wstawienie w (3) daje, że termin w nawiasie to Cx.

Podsumowując: Format pochodnej konwekcyjnej pozwala na identyfikację energii. Połączenie z nco-s jest nadawane przez obszary Tti i nakładane oscylacje dla ruchów obrotowych.

3. Zastosowanie. Przepływ wirów do piany

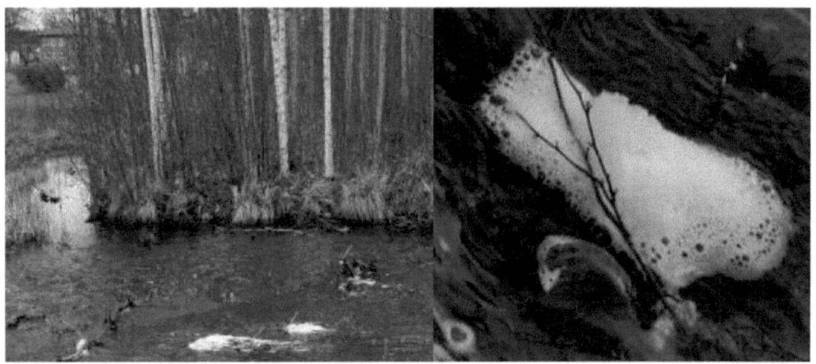

Rysunek 2. Wiry i piana w rzece.

Rysunek 2 przedstawia przepływ wirowy w małej rzece. Istnieją agregaty materii wirów składające się nie tylko z wody. Prawdopodobnie dynamiczny, energiczny przepływ zareagował z dowolnymi zanieczyszczeniami na białą pianę.

Przedmiotem mogą być płatki, które można uznać za źródło transportujące energię. Jest to zgodne z równaniem energetycznym w mechanice kontinuum, a opis funkcjonalny źródła wynosi x2 zgodnie z wynikami podanymi w rozdziale 2.

Na rysunku 2, po prawej stronie, widać zbliżenie piany w spoczynku. Wygląda ona na gęstszą i drobnoziarnistą niż woda, ale pływa, ze względu na napięcie powierzchniowe i (w mechanice falowej, zwanej pamięcią) z kreacji akustycznej).

4. Inne kształty i dyskretne realizacje

W poprzedniej sekcji stwierdzono, że energie, pochodzące z miary obszaru, zawierają termin harmoniczny, gdy współrzędna jest ta w oscylatorze harmonicznym. Nie ujawnia to, co wybrać jako niezależną zmienną w przepływie wirowym, np. dla pęcherzyków sferycznych, miara r3 może być znaczna.

Domniemanie o bardzo żywym przepływie to kohomologia o niemożliwym kształcie, jak np. na rysunku 3 lub przez Eschera.

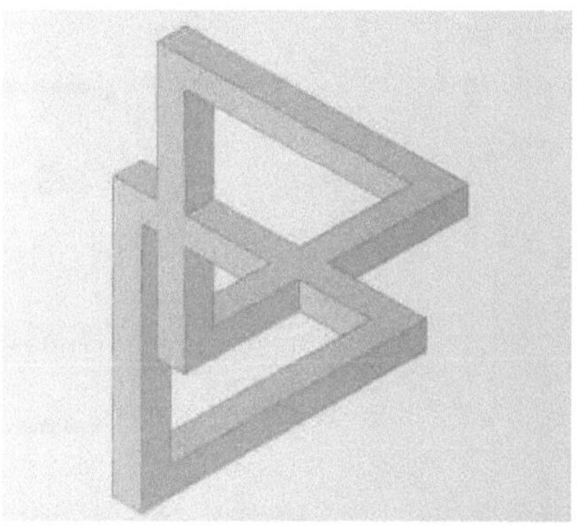

Rysunek 3. Reutersvärd sztuka niemożliwych kształtów.

Następnie będziemy się o to spierać w kwestii elektromagnetyzmu: Przestrzenny środek przepływu elektromagnetycznego może nie być tak łatwo osiągnięty i Einstein wprowadził czasoprzestrzeń z + - vt i +- ct. Tutaj nie zostanie to dokładnie przyjęte, ale (po prostu) założymy istnienie w 3 punktach, które nie pasują do materializacji (ponieważ światło szybko przemieszcza się nie pozostawiając wiele w tyle). Dla przykładu, w sterowaniu częściami mechanicznymi w ruchu, takimi jak skręcanie (i np. szyby samochodowe) prąd elektryczny wydaje się być bardzo niezawodny i wydajny, co nieco promuje założenie "zmaksymalizowanej dynamiki". Jeśli jest to elektromagnetyzm sam w sobie działający jak smar, lub pęcherzyki powietrza, reakcje wirowe w płynie łączącym, jest kwestią do dyskusji.

Do opisu 3 punktów wystarczy jeden obszar. Jednakże obszar jest również opisowy dla interakcji z otoczeniem na powierzchni i może tak się nie stać.

5. Uwagi końcowe

Trzecie zróżnicowanie środka obszarowego zostało wyprowadzone. Termin najwyższego rzędu został zastąpiony przy założeniu systemu chwiejącego się. Stopnie swobody, s.m., w chwiejących się pojazdach MC nie są tak duże w porównaniu z "Narodzeniem Wenus", jednak dodając czas i s.m. przestrzenne w wirach, istnieje połączenie ewolucyjne.

Referencje

Rozdział 1 i 2

[0] Strömberg L (2017). Koncepcje nco związane z kosmosem, stanami, upadkiem Feynmana i rozwidleniami w mapie logistycznej. https://www.researchgate.net/publication/319665315.

[1] Strömberg L (2014). Model dla orbit nieokrągłych wyprowadzony z dwustopniowej linearyzacji praw Keplera. Journal of Physics and Astronomy Research, 1(2): 013-014.
[2] Strömberg L (2015). Ruchy systemów i struktur w przestrzeni, opisane zestawem oznaczonym jako Avd. Twierdzenia o lokalnej implozji; prędkości Li, dl i kątowe. Journal of Physics and Astronomy Research, 2(3): 070-073.
[3] Thomson S, Brandenburg J (2012). Teoria możliwych stanów i ludzkich losów w kosmosie. Physics procedia 38, s. 319-325.
[4] Challamel, Koczis i Wang Dec (2015), Modele sprężystości gradientowej wyższego rzędu stosowane do geometrycznie nieliniowych układów dyskretnych. Mechanika teoretyczna i stosowana Tom 42, wydanie 4, 223-248.
[5] Ohlen G, Åberg S, Östborn P (2007). *Chaos*. Div of Math Physics, LTH.
[6] Strömberg L, Soualmia A (2016). Tove time invariant Tti, na przykładzie obrazów ze światła bocznego, wpisów SO(3), mechaniki kwantowej,

ekranów dotykowych, formacji fotowoltaicznych i wirów. Raport techniczny grudzień 2016 r. DOI: 10.13140/RG.2.2.25023.71844
[7] Strömberg L (2016). Fractal dla orbity nieokrągłej skonstruowanej jako krzywa Kocha, *SCIREA Journal of Physics*. Vol. 1 , No. 1.

[8] Strömberg L (2016). Halo Phenomena modelowane za pomocą optyki rozproszonej i kwantowej podanej przez Electrodynamic Singularities on a Non Circircular Orbit, *SCIREA Journal of Physics*. Vol 1, No 1, s. 33-40.

[9] Singh S (2014). The Simpsons and their mathematical secrets, Bloomsbury plc 2014.

[10] Tegmark M (2014). Vårt matematiska universum, s. 400. Volante.

[11] https://en.wikipedia.org/wiki/Tachyon Współdzielone w pytaniu na temat Researchgate, przez dr J. Garry'ego

Rozdział 3

[0] Burton, N. (2005) Den nya kvinnostaden - pionjärer och glömda kvinnor under 2000 år, pp228. Bonnier.
[1] Strömberg L (2017). Niebiańska geometria i ewolucja Homo Erectus.
[2] Klemperer W.B. i Baker R.M. (1957). Satellite Librations, Astronautica Acta, 3: 16-27, Springer.
[3] Strömberg L (2015). Observations for Lateral Light at a Hole Adjacent to Lines of Different Colours Comparison with the Eye in Terms of Iris and Blue Make Up Analysis of Monochromatic Light. Journal of Scientific Research and Essays Vol. 1 (2), str. 28-32.

Rozdział 4

[1] Strömberg L (2015). Observations for Lateral Light at a Hole Adjacent to Lines of Different Colours Comparison with the Eye in Terms of Iris and Blue Make Up Analysis of Monochromatic Light. *Journal of Scientific Research and Essays 1(2).*

[2] Strömberg L , Soualmia A (2017). Tove time invariant Tti, na przykładzie obrazów ze światła bocznego, wpisów SO(3), mechaniki kwantowej, ekranów dotykowych, formacji fotowoltaicznych i wirów Project: Orbity nieokrągłe: Analogie, kohomologie, analiza
[3] Strömberg L (2018). Relacje pomiędzy działaniami na rzecz energii i przestrzeni kosmicznej. Researchgate

Jorge M. M. Barata, Telmo J. A. Silva, Fernando M. S. P. Neves i André R. R. Silva (2017). Eksperymentalna analiza sił zbrojnych podczas startu ptaków. AIAA SciTech Forum.
[5] Łańcuch C (2018). Niezbędny nieskończony porządek zachowania w mechanice podciśnienia ciągłego: Korekty do Hydrodynamiki i Dyskusji, s. 3.

Rozdział 5 i 6

[1] Strömberg L (2018). Relacje pomiędzy działaniami na rzecz energii i przestrzeni kosmicznej. Researchgate
[2] Strömberg L (2019). Modele oddziaływań w warstwach granicznych przy ruchach rotacyjnych na orbitach nieokrągłych. Sekcja 4.1 Bramka badawcza

[3] Symulacja pola EM w kablach wysokiego napięcia. http://www.quickfield.com/advanced/transposition.htm

Printed by Books on Demand GmbH, Norderstedt / Germany